T/CAGHPER 089—2024

目　次

前言 .... Ⅲ
引言 .... Ⅳ
1 范围 1
2 规范性引用文件 1
3 术语和定义 2
4 总则 3
　4.1 目的 3
　4.2 任务 3
　4.3 遵循原则 3
　4.4 基本要求 3
　4.5 工作流程 4
5 前期准备 5
　5.1 资料收集与整理 5
　5.2 野外踏勘 5
　5.3 调查方案制定 5
6 基础调查与问题识别 5
　6.1 自然生态环境条件调查 5
　6.2 生态系统及生态功能调查 7
　6.3 生态环境问题调查 8
　6.4 生态环境问题识别与诊断 11
7 调查技术方法与要求 12
　7.1 无人机航空摄影及遥感解译 12
　7.2 野外调查 13
　7.3 剖面测量 13
　7.4 样品采集与测试 13
8 生态环境评价与分区 14
　8.1 一般要求 14
　8.2 生态环境综合评价 15
9 报告编写与图件编制 16
　9.1 报告编写 16
　9.2 图件编制 16
10 数据库建设 17

Ⅰ

10.1 主要内容 ··· 17
10.2 建设要求 ··· 17
附录 A（资料性附录） 生态分区及重点调查内容 ·· 18
附录 B（规范性附录） 全国生态系统分类体系表 ··· 25
附录 C（资料性附录） 野外调查表样式 ··· 26
附录 D（资料性附录） 报告编写提纲 ·· 36

前 言

本规范按照 GB/T 1.1—2020《标准化工作导则 第 1 部分：标准化文件的结构和起草规则》的规定起草。

本规范附录 B 为规范性附录，附录 A、C、D 为资料性附录。

本规范由中国地质灾害防治与生态修复协会提出并归口。

本规范主要起草单位：河南省地质工程勘察院有限公司、河南省第五地质勘查院有限公司。

本规范参与起草单位：江苏绿岩生态技术股份有限公司、甘肃工程地质研究院、北京市矿产地质研究所、中化地质河南局集团有限公司、中国地质调查局自然资源航空物探遥感中心、河南省自然资源科技创新中心（生态环境评价与修复技术研究）、湖南省生态地质调查监测所、河南省第一地质勘查院有限公司、中核勘察设计研究有限公司、黄河勘测规划设计研究院有限公司、甘肃省科学院地质自然灾害防治研究所、黑龙江省地质矿产局、衡水市水资源保护与水利工程建设抢修中心。

本规范主要起草人：王现国、王春晖、李相宜、王晨旭、王建光、王泉伟、万伟锋、孙延军、邓小宁、席文明、唐正清、张波、罗忠行、白革学、周自强、赵云峰、张大志、廉勇、李扬、徐亚娟、项玉洁、商真平、赵振杰、姜侠、李茂军、王宗炜、侯利阳、潘小雨、曾文青、吕志涛、刘海风、张海娇、邢会、何佳晨、张荣波、姚振国、程强、王宏飞、曾峰、苏阳艳、周春华、范莉、梅鹏里、何贤珍、张凤予、张晓丽、孙春叶、王侠、张致远、陈景伟、贾金松、王邦贤、时生辉、曹磊、田飞、古艳艳、胡元君、徐盼龙、黄金梅、郭玉娟、潘登、范浩敏、郑群有、王沙沙、王滢、胡仲亚、梁乃森、李梦、李建华。

本规范由中国地质灾害防治与生态修复协会负责解释。

引 言

为指导和规范山水林田湖草沙生态保护修复工程项目中的生态环境调查工作,提高山水林田湖草沙生态保护修复的整体性、系统性、科学性和可操作性,为山水林田湖草沙一体化保护和修复工程项目立项、实施方案及规划设计编制提供依据,特制定本规范。

山水林田湖草沙生态环境调查规范(试行)

1 范围

本规范规定了山水林田湖草沙生态环境调查的术语和定义、总则、前期准备、基础调查与问题识别、调查技术方法与要求、生态环境评价与分区、报告编写与图件编制、数据库建设等方面的内容。

本规范适用于山水林田湖草沙一体化保护和修复工程项目实施前的基础调查工作，其他生态保护修复工作可参照执行。

2 规范性引用文件

下列文件中的内容通过文中的规范性引用而构成本规范必不可少的条款。其中，注日期的引用文件，仅该日期对应的版本适用于本规范；不注日期的引用文件，其最新版本（包括所有的修改单）适用于本规范。

GB 3838　地表水环境质量标准
GB 15618　土壤环境质量　农用地土壤污染风险管控标准(试行)
GB 19377　天然草地退化、沙化、盐渍化的分级指标
GB/T 14848　地下水质量标准
GB/T 24255　沙化土地监测技术规程
GB/T 36197　土壤质量　土壤采样技术指南
GB/T 39612　低空数字航摄与数据处理规范
DZ/T 0261　滑坡崩塌泥石流灾害调查规范(1∶50 000)
DZ/T 0283　地面沉降调查与监测规范
DZ/T 0288　区域地下水污染调查评价规范
HJ 1166　全国生态状况调查评估技术规范——生态系统遥感解译与野外核查
HJ 1167　全国生态状况调查评估技术规范——森林生态系统野外观测
HJ 1168　全国生态状况调查评估技术规范——草地生态系统野外观测
HJ 1169　全国生态状况调查评估技术规范——湿地生态系统野外观测
HJ 1170　全国生态状况调查评估技术规范——荒漠生态系统野外观测
HJ/T 166　土壤环境监测技术规范
HJ/T 192　生态环境状况评价技术规范
LY/T 1814　自然保护区生物多样性调查规范
LY/T 2090　湿地生态系统定位观测指标体系
LY/T 2250　森林土壤调查技术规程
LY/T 3179　退化防护林修复技术规程
TD/T 1055　第三次全国国土调查技术规程

3 术语和定义

下列术语和定义适用于本规范。

3.1
生态系统 ecosystems

在一定的时间和空间范围内,生物与非生物环境等各种自然要素,通过不断的物质循环和能量交流而相互作用、相互依存所形成的具有一定结构的生态学功能统一体,是一个生命共同体。其类型包括森林、灌丛、草地、湿地、荒漠、农田和城镇生态系统。

3.2
生态系统空间格局 spatial patterns of ecosystems

各类生态系统在空间上的排列和组合,包括生态系统类型、数目及空间分布与配置。

3.3
参照生态系统 reference ecosystem

能够作为生态恢复目标或基准的生态系统。通常包括破坏前的生态系统、未因人类活动而退化的本地生态系统,以及能够适应正在发生的或可预测的环境变化的生态系统。

3.4
生态环境 ecological environment

影响人类生存与发展的水资源、土地资源、生物资源以及气候资源数量与质量的总称,是关系到社会和经济持续发展的复合生态系统。

3.5
生态胁迫 ecological threats

来自人类或自然的对生态系统正常结构和功能的干扰,这些干扰往往超出生态系统的恢复力,导致生态系统发生不可逆的变化甚至退化或崩溃。

3.6
生态功能区 ecological function area

根据生态系统类型及空间分异特征、地形差异、土地利用组合及功能而划定的区域。按生态系统服务功能划分为水源涵养、生物多样性保护、土壤保持、防风固沙和洪水调蓄等生态调节功能区,林产品、农产品等产品提供功能区,以及人口和经济密集的大都市群、重点城镇群等的人居保障功能区。

3.7
生态环境问题 eco-environmental issues

由人类活动扰动与自然条件变化引起的生态环境条件改变而导致生态系统结构和功能失调的现象。包括自然灾害、地形地貌景观破坏、含水层破坏、水体污染、土壤污染、土地功能退化、森林和草地退化、湿地退化、土地沙化、生物多样性减少等。

3.8
自然灾害 natural disasters

给人类生存带来危害或损害人类生活环境的自然现象。本规范主要包括地质灾害、地震灾害、气象灾害、水旱灾害、海洋灾害、森林和草原火灾等。

4 总则

4.1 目的

通过山水林田湖草沙生态环境调查，摸清调查区自然生态环境条件和生态环境问题，为实施山水林田湖草沙生态保护修复工程提供基础依据。

4.2 任务

4.2.1 调查自然生态环境条件现状，分析历史演化过程及生态环境相关要素变化规律和相互作用过程。

4.2.2 调查生态系统类型、特征、空间格局及生态功能，分析确定参照生态系统。

4.2.3 调查生态环境问题类型、分布及严重程度，分析其控制与影响因素，预测发展趋势。

4.2.4 评价生态环境问题的影响程度，提出生态保护修复与国土空间利用建议。

4.3 遵循原则

4.3.1 系统性原则

以"山水林田湖草沙是生命共同体"重要理念，指导开展生态环境调查工作，综合考虑自然生态各要素的相互依存、影响和制约，全面统筹山上山下，地表地下，流域上下游、干支流、左右岸，进行整体性、区域性的系统调查，为实施山水林田湖草沙整体保护、系统修复、综合治理提供基础资料。

4.3.2 科学性原则

采用科学的调查方法和先进的技术手段，对山水林田湖草沙生态系统的类型、状况、变化、影响因素等，开展系统、全面的调查，确保调查成果的真实性、准确性、时效性。

4.3.3 针对性原则

坚持问题导向，以存在的生态环境问题为重点，追根溯源，科学识别和诊断调查区内生态环境问题的类型、分布、规模及其对自然生态系统的影响和危害程度，为制定针对性的保护修复措施提供依据。

4.3.4 可操作性原则

在保障调查结果准确、实用的基础上，充分考虑调查精度需求、经济技术合理性等因素，结合当前科技发展和专业技术水平等实际情况，将一般调查与重点调查相结合，因地制宜开展调查，使调查工作切实可行。

4.4 基本要求

4.4.1 以地球系统科学和地球关键带理论为指导，突出山水林田湖草沙生命共同体理念，生态环境调查工作重点部署在生态环境问题突出区、人类活动强烈区、生态环境脆弱区和敏感区。

4.4.2 针对区域（或流域）、生态系统和生态保护修复场地等不同尺度生态环境的调查工作，以流域、山系等自然地理单元和生态系统空间格局为基础，结合实际确定调查范围和基本调查单元。

4.4.3 应根据我国不同生态区的基本特征、主要保护修复方向与生态功能,有针对性地选择重点调查和识别诊断的主要生态环境问题。各生态区重点调查的生态环境问题按照附录 A 执行。

4.4.4 调查工作宜分为一般调查区、重点调查区,不同尺度的调查可采用不同的调查精度和调查技术方法与要求。区域(或流域)尺度宜以省辖市级行政区划为基本单元,以资料收集与遥感解译为主,一般调查区调查比例尺宜为 1∶100 000,重点调查区调查比例尺宜为 1∶50 000。生态系统尺度或相对独立的小流域尺度宜以县(区)级行政区划为基本单元,一般调查区以遥感解译为主,调查比例尺宜为 1∶50 000;重点调查区可采用遥感解译、无人机航空摄影与野外调查相结合,调查比例尺宜为 1∶10 000。场地尺度调查宜以典型地段或区域为基本单元,以野外调查为主,辅以必要的剖面测量和采样测试工作,调查精度应能够满足生态保护修复工程初步方案设计的要求。

4.4.5 根据生态环境特征和实际需要,充分应用遥感、无人机航测等现代技术,必要时可部署适量的地面调查、剖面测量、采样测试等工作。

4.4.6 加强"大数据"平台应用,充分收集和利用已有资料,对已有资料较丰富、研究程度较高的地区,可采取补充调查、资料整理分析与编录相结合的方法开展调查工作。

4.4.7 充分采用新技术、新方法、新设备,做好天、空、地探测技术的一体化协同利用,提高调查的工作效率和成果质量。

4.5 工作流程

工作流程包括前期准备、基础调查与问题识别、生态环境评价与分区、成果报告编写与图件编制等,具体工作流程见图 1。

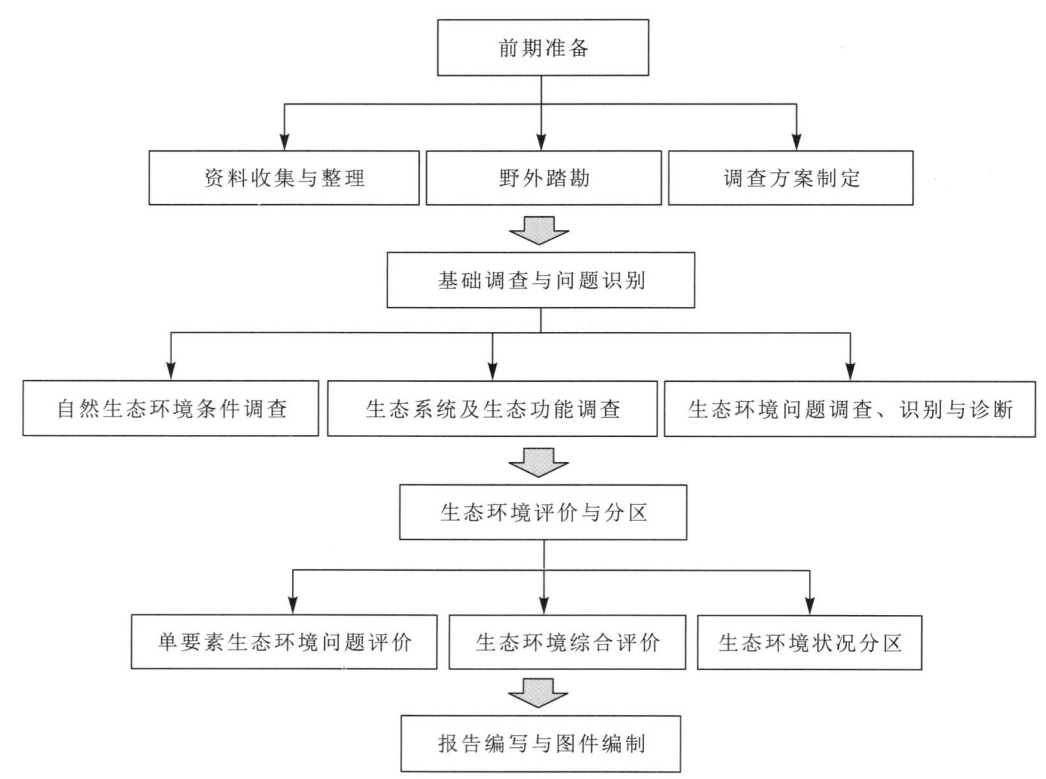

图 1 山水林田湖草沙生态环境调查工作流程图

5 前期准备

5.1 资料收集与整理

5.1.1 根据生态环境调查目的、任务、内容与要求,充分收集调查区及周边已有的各类成果资料,并进行统计、分析与整理。资料收集时应保证资料的准确性和时效性,涉密资料应严格按照相关保密规定使用。

5.1.2 宜收集和整理以下资料:
    a) 气候与长序列气象、水文统计资料。
    b) 区域地质、水工环地质、物探、化探、遥感、生态环境、生物地球化学、海岸生态等基础地质和专项调查研究的原始资料与成果资料。
    c) 1∶10 000 或 1∶50 000 国家基本比例尺地形图、数字高程模型、地貌图等地形地貌图件。
    d) 可反映调查区域历史生态环境状况的遥感影像与数据及其解译成果。
    e) 各部门开展的权威调查与监测的现有成果,包括生态环境遥感调查评估数据、生物物种资源调查数据、地表水环境质量监测数据、土壤环境质量监测数据、地下水环境质量监测数据、污染源普查数据、野生动植物资源调查数据、森林草原资源调查数据、水资源调查数据、国土调查数据、土壤普查数据、自然保护区与生态保护红线等资料。
    f) 经济社会发展规划、自然资源利用规划、国土空间规划、生态修复规划等各类规划,人类工程活动及以往生态修复工作与成效等资料。
    g) 其他相关资料。

5.2 野外踏勘

5.2.1 可根据工作程度、生态系统类型、交通地理情况等,结合调查区自然生态环境条件和初步了解的生态环境问题,制订踏勘工作计划。

5.2.2 野外踏勘宜选择典型路线,初步了解主要自然生态环境条件及主要生态环境问题分布情况,为确定生态环境调查重点内容提供依据。

5.2.3 通过野外踏勘确定野外调查工作思路及主要工作内容。

5.3 调查方案制定

宜在充分收集资料与综合整理分析及野外踏勘的基础上,制定调查方案,明确工作目标、主要任务、技术路线、工作方法与技术要求、预期成果、组织管理和进度安排等内容。

6 基础调查与问题识别

6.1 自然生态环境条件调查

6.1.1 自然地理状况

查明调查区位置、地理坐标及交通条件,地形地貌,气候与气象特征,地表水系及主要河流、湖泊(水库)的水文状况等。

6.1.2 社会经济状况

6.1.2.1 社会经济发展水平调查：调查区内人口规模、密度、分布，经济规模与增长率，生产方式、产业结构、主导产业及其布局等。

6.1.2.2 人类工程活动调查：调查区内城镇建设及空间布局，道路交通、矿产开发、水利水电、环保、输油（气）管道等重大工程布局及建设情况等人类工程活动范围及强度。

6.1.3 自然资源概况

6.1.3.1 土地资源调查：土地类型、权属、面积及其分布，土地资源利用上线及开发利用状况，土地利用规划，土地资源重点管控区。

6.1.3.2 水资源调查：地表水与地下水资源分布、总量，水资源利用上线、开发利用状况和耗用状况，再生水利用状况，水资源重点管控区。

6.1.3.3 能源与矿产资源调查：能源利用上线及能源消费总量、能源结构及利用效率，矿产资源类型与储量、生产和消费总量、资源利用效率等。

6.1.3.4 生物资源调查：林地资源、草地资源、渔业资源、野生动植物资源等重要生物资源，其他对区域经济社会发展有重要价值的生物资源地理分布、资源量及其开发利用状况。

6.1.3.5 旅游景观资源调查：旅游资源和景观资源的类型、地理位置、范围和开发利用状况等。

6.1.3.6 自然保护地调查：国家公园、地质公园、自然保护区、自然公园等各类自然保护地基本情况。

6.1.4 地质环境背景

查明调查区地层岩性、地质构造、水文地质、工程地质、风化壳、包气带、土壤类型及成土母质等。

6.1.5 环境质量状况

6.1.5.1 地表水环境调查：水功能区划、保护目标及各功能区水质达标情况；主要水污染因子和特征污染因子、水环境控制单元、主要污染物排放现状、环境质量改善目标要求；地表水控制断面位置及达标情况、水质动态变化情况、主要水污染源分布和污染贡献率（包括工业、农业、生活污染源和移动源）、单位耗水量、国内生产总值废水量、污（废）水处理设施与处理量及主要水污染物排放量等。

6.1.5.2 地下水环境调查：地下水利用现状、地下水动态特征、地下水化学类型、地下水水质达标情况、地下水水质动态变化情况、主要超标因子和特征污染因子等。

6.1.5.3 土壤环境调查：土壤环境质量、主要理化特征、营养元素，土壤中污染物含量，主要土壤污染因子和特征污染因子，土壤污染风险防控区及防控目标；河流沉积物质量达标情况。

6.1.6 生物多样性

6.1.6.1 动物多样性调查：
  a) 动物区系，主要动物种类、数量、分布、习性及生境状况。
  b) 国家重点保护、特有、珍稀、濒危、外来入侵的动物物种、数量及分布。

6.1.6.2 植物多样性调查：
  a) 植物区系、植被面积与分布、覆盖度，主要植物种类、数量、分布和生境状况。

b) 植物群落物种组成及特征,特别是地带性植被建群物种、本地关键物种、指示物种、旗舰物种、先锋物种、入侵物种等重要物种的种类、分布、数量及生境情况。
c) 国家重点保护、特有、珍稀、濒危、古树名木的植物物种、数量及分布。

6.1.6.3 具体调查内容参照《自然保护区生物多样性调查规范》(LY/T 1814)执行。

6.1.7 生态保护红线

查明国家和地方颁布的生态保护红线图斑分布、面积、主导生态功能、保护目标和关键控制点坐标等。

6.1.8 生态保护修复工程实施情况

查明调查区内已实施或正在实施的自然灾害防治、地形地貌景观恢复治理、土地综合整治、矿山生态修复、水环境保护治理、污染与退化土地修复治理、水土保持、防风固沙、国土绿化、生物多样性保护等山水林田湖草沙生态保护修复工程的位置、类型、规模、实施周期、治理措施、资金投入、实施(含参建)单位、治理效果、存在的问题等;拟实施山水林田湖草沙生态保护修复工程的位置、类型、规模、绩效目标、资金筹措与落实情况及需求等。

6.2 生态系统及生态功能调查

6.2.1 生态系统调查

查明调查区内生态系统的类型与空间格局,各类生态系统的面积、比例、主要分布情况、质量,以及其相互之间物质能量外部交流,构成生态系统的动植物群落物种组成及特征等。生态系统类型划分按附录B执行。

6.2.2 参照生态系统的确定与调查

6.2.2.1 综合生态系统自然演替规律,参考受损生态系统历史原生状态或周边类似生态系统状态,采取类比、推演等方法为各个受损生态系统确定参照生态系统。

6.2.2.2 对于历史监测资料齐全完善的区域,可参考受损生态系统历史状态设定参照生态系统;对于历史状况不清的区域,可以周边环境和自然生态状况相似的未受损的本地生态系统或类似生态系统作为参照生态系统。

6.2.2.3 应全面收集参照生态系统的资料数据,详细描述参照生态系统的属性,包括非生物环境要素、生物群落特征、生态系统功能、生态胁迫等。若现存本地参照生态系统的资料缺乏或不完整,应开展补充调查。

6.2.2.4 调查分析各参照生态系统的关键属性,包括自然地理条件、物种组成、生态系统结构、质量与功能等。

6.2.3 生态功能调查

查明调查区域生态功能定位,所属的全国、省级主体功能区和生态功能区名称、位置、范围,主要生态服务的功能类型、重要性等。

6.3 生态环境问题调查

6.3.1 自然灾害调查

调查历史发生的自然灾害种类、灾害发生时间与过程、受灾范围和面积、灾害造成的损失以及灾后对生态环境的影响等。地质灾害具体调查内容可参照《滑坡崩塌泥石流灾害调查规范(1:50 000)》(DZ/T 0261)、《地面沉降调查与监测规范》(DZ/T 0283)执行,其他自然灾害参照全国自然灾害综合风险普查相关技术规范执行。

6.3.2 地形地貌景观破坏调查

应调查以下内容：
- a) 造成原有地形条件和地貌特征改变的露天采场、固体废弃物(废石渣、煤矸石堆、尾矿库、排土场等)、地面塌陷区等的空间分布、面积、方式和程度等。
- b) 土地挖损、压占、沉陷、积水等土地损毁的空间分布、面积、程度和土地类型等。
- c) 地形地貌景观破坏与居民集中生活区、自然保护区、风景名胜区、地质公园、重要旅游景区(点)、重要交通干线或河流湖泊的距离。
- d) 地形地貌景观恢复治理的措施、成效及存在问题。
- e) 野外调查记录参考附录C中的表C.1填写。

6.3.3 含水层破坏调查

应调查以下内容：
- a) 含水层结构破坏的范围、层位、破坏程度。
- b) 抽排地下水的疏干排水量及利用量,地表水与地下水漏失范围。
- c) 含水层破坏的防治措施、效果及存在问题。
- d) 野外调查记录参考附录C中的表C.2填写。

6.3.4 水体污染调查

6.3.4.1 地表水污染调查内容：
- a) 城镇生活废水、农村生活废水、畜禽养殖废水的排放量、处理方式、处理率及中性水的利用排泄方式、排放口的位置。
- b) 地表水系污染区段的分布范围、污染源、主要污染因子、污染程度。
- c) 地表水环境生态修复项目的位置、治理措施、成效及存在问题等。

6.3.4.2 地下水污染调查内容：
- a) 地下水污染特征调查,包括地下水污染地段的分布、含水层位及其特征,主要超标物质成分、含量及时空分布等。
- b) 地下水污染源调查,包括导致地下水污染的主要污染源类型,主要污染物质成分及含量,污染途径、方式与影响范围。
- c) 地下水污染治理修复项目的位置、治理措施、成效及存在问题等。
- d) 具体调查内容可按《区域地下水污染调查评价规范》(DZ/T 0288)执行。
- e) 野外调查记录参考附录C中的表C.3填写。

6.3.4.3 工矿企业废水排放调查内容：
a) 工业企业废水特征污染物的种类、处理方式、排放区域，对水环境的污染途径、污染程度、污染范围等。
b) 矿山企业的矿井排水、尾矿排水、废石渣淋滤水、选矿废水等的处理方式、排放区域，潜在特征污染物类型。
c) 工矿企业取水量、用水量、循环水量及排水量，水处理后的排放浓度、排泄方式。
d) 历史上发生的工矿企业废水排放引起的水污染事件。

6.3.5 土壤污染调查

应调查以下内容：
a) 工业污染源、农业污染源和污水灌溉所进入土壤的污染物种类、途径、污染空间分布和污染程度等。
b) 未经处理的工矿企业废水和城市生活污水直接灌溉农田引发的土壤污染。
c) 工矿企业排出的废渣、污泥以及城镇垃圾堆放，在处置过程中扩散、降水淋滤等直接或间接作用引发的土壤污染。
d) 农用地的类型、分布、布局、质量、规模、管护、耕作方式、整治条件等。
e) 已实施土壤污染修复治理项目的位置、治理措施、资金投入及成效等。
f) 野外调查记录参考附录C中的表C.4填写。

6.3.6 水土流失调查

应调查以下内容：
a) 地形地貌、土壤类型、土壤质地、土层厚度、理化性状，土地利用类型及结构、植被类型，年降水量特征及时空分布、降水强度，水土流失面积、强度与分布等。
b) 土壤侵蚀类型与方式、土壤平均流失厚度、土壤平均侵蚀模数和土壤侵蚀强度，水土流失区水库、河流等的泥沙淤积特征（淤积量、淤积速率、淤积物成分）及淤积物来源等。
c) 水土流失危害、水土保持现状与综合治理情况及其效果。
d) 野外调查记录参考附录C中的表C.5填写。

6.3.7 土地功能退化调查

6.3.7.1 土壤盐渍化调查内容：
a) 盐渍化土壤的区域类型、分布范围与面积，盐渍化土壤母质的岩性成分与结构特征，与包气带及潜水含水层有关的岩土水理性质，土壤的含盐性质和不同深度的含盐量，土地盐渍化的性质与程度。
b) 盐渍化土壤形成的自然和人为因素。
c) 土地盐渍化危害、防治现状及效果等。

6.3.7.2 土地石漠化调查内容：
a) 土地石漠化的分布范围、高程、比例、面积与展布特征，石漠化发展速率，石漠化的发育程度，根据基岩岩石裸露面积所占的比例和裸露岩石分布形状、植被状况确定石漠化发育程度等级分区并分析石漠化发展趋势。
b) 地表堆积物的赋存状态、分布特征、厚度及变化，土壤的成分、母岩岩性，主要植（作）物种类及生长情况。
   c) 土地石漠化形成的自然和人为因素。
   d) 土地石漠化的危害、防治现状及效果等。

6.3.7.3 土地沼泽化调查内容：
   a) 土地沼泽化土地的分布范围、面积与历史变化等基本特征，土壤层的特性及潜育化发育情况，生物资源情况。
   b) 沼泽水的输入、输出、水位与水深、水质、水流方式，淹水持续时间和淹水频率等水文与水文地质特征，地下水主要赋存层位及其特征，确定沼泽的成因类型。
   c) 土地沼泽化的演化历史与趋势，土地沼泽化危害和对生态环境的影响。
   d) 沼泽化土地利用现状和沼泽保护现状等。

6.3.7.4 野外调查记录参考附录C中的表C.6填写。

6.3.8 森林退化调查

应调查以下内容：

a) 森林类型、分布、面积、森林覆盖率、结构、规模、森林蓄积。
b) 立地条件、植被类型、树种组成及龄组、郁闭度或灌木覆盖度、具有天然更新能力的树种与母树数量等。
c) 森林退化的原因、方式、规模，分析影响森林的人为因素和自然生态环境因素。
d) 已实施退化林修复措施、成效等。
e) 具体调查内容可参照《全国生态状况调查评估技术规范——森林生态系统野外观测》(HJ 1167)、《退化防护林修复技术规程》(LY/T 3179)执行。
f) 野外调查记录参考附录C中的表C.7填写。

6.3.9 草地退化调查

应调查以下内容：

a) 草地类型、分布、面积、质量、结构、管护及整治条件。
b) 草地退化与破坏的原因、方式、程度，分析影响草地的人为因素和自然因素。草地退化程度分级按《天然草地退化、沙化、盐渍化的分级指标》(GB 19377)执行。
c) 已实施草地管护与整治方式、措施、成效等。
d) 具体调查内容可参照《全国生态状况调查评估技术规范——草地生态系统野外观测》(HJ 1168)执行。
e) 野外调查记录参考附录C中的表C.8填写。

6.3.10 湿地退化调查

应调查以下内容：

a) 湿地自然环境要素调查：湿地类型、面积、分布、所属流域、水源补给状况、地表水及地下水水质状况、湿地周围地下水位动态变化等。
b) 湿地植物调查：湿地植物群落和植被类型、面积、主要优势植物种。
c) 湿地野生动物调查：湿地内重要陆生和水生脊椎动物的种类、分布及生境状况，以及虾类、贝类、蟹类等占优势或数量很多的无脊椎动物的种类、分布及生境状况。

d) 湿地萎缩和退化调查：湿地萎缩和退化的程度、主要原因，湿地水质下降和富营养化的原因、污染源、污染特征、污染程度、危害程度，湿地利用、保护与管理情况等。
e) 具体调查内容可参照《全国森林、草原、湿地调查监测技术规程》、《全国生态状况调查评估技术规范——湿地生态系统野外观测》(HJ 1169)执行。
f) 野外调查记录参考附录C中的表C.9填写。

6.3.11 土地沙化调查

应调查以下内容：
a) 土地沙化属性，沙化土地的分布、类型、面积、发育程度，沙化土地所在地的地貌类型、土壤、植被、土地利用类型等。
b) 土地沙化形成的自然和人为因素，沙化土地演化趋势及可治理恢复状况等。
c) 沙化土地治理措施、面积、成效等。
d) 具体调查内容可参照《沙化土地监测技术规程》(GB/T 24255)、《全国生态状况调查评估技术规范——荒漠生态系统野外观测》(HJ 1170)执行。
e) 野外调查记录参考附录C中的表C.10填写。

6.3.12 生物多样性减少调查

应调查以下内容：
a) 生态系统受自然和人为干扰的干扰因子、干扰程度及后果。
b) 有害生物入侵、人类活动造成的动植物物种数量减少情况，珍稀动植物物种数量变化情况。
c) 植被破坏情况，影响动植物生存的主要因素等。

6.4 生态环境问题识别与诊断

6.4.1 问题识别与诊断

6.4.1.1 在区域(或流域)尺度，依据调查与监测资料，识别生态胁迫、生态系统质量、生态系统服务、生态系统空间格局等方面的主要生态问题。

a) 从气候变化、生物多样性减少、土地利用结构和方式、生产生活造成的水土环境污染、自然资源开发强度、有害生物入侵等方面识别生态胁迫问题并分析原因。
b) 从食物链的完整性、生物多样性、结构功能稳定性等方面识别生态系统质量存在的问题并分析原因。
c) 从水源涵养、水土保持、生物多样性保护、防风固沙等方面识别生态系统服务存在的问题并分析原因。
d) 从重要物种栖息地分布、生态廊道的连通性、生态网络结构、重要和敏感的生态保护目标点等方面识别生态系统空间格局存在的问题并分析原因。

6.4.1.2 在生态系统尺度，依据调查与监测资料，识别调查区动植物群落物种组成、特征、变化及对生态环境的影响；与参照生态系统对比，识别生态环境问题类型、分布、规模、特征等，分析其发育程度、威胁程度、发展趋势及对生态系统的影响。诊断分析需要保护保育和修复治理的对象及其现状、关键生态环境问题的严重性和修复治理的紧迫性等。

6.4.2 识别与诊断方法

在现状调查的基础上,从大尺度向小尺度[即从区域(或流域)、生态系统、群落、种群、个体],或从小尺度向大尺度进行梯度分析、类比分析、综合评判,分析评价区域环境生态系统空间格局,生态系统质量及服务功能,特别是珍稀濒危物种及栖息地状况,准确识别主要生态问题及其之间的关联性、紧迫度和优先度,确定需要保护修复的相关重要生态系统、物种和关键要素,科学诊断生态系统的脆弱性、敏感性,以及受损的面积、分布、程度。

7 调查技术方法与要求

7.1 无人机航空摄影及遥感解译

7.1.1 调查中应充分采用无人机航空摄影及遥感技术,通过遥感图像(或数据)解译提取和分析反映调查区内山水林田湖草沙生态系统的各种信息,获取各种生态本底参数,解译自然生态环境条件和生态环境问题,编制相应的遥感解译图件,提供遥感解译资料。

7.1.2 无人机航空摄影宜基于无人机、飞艇等航空遥感平台,运用高光谱、热红外等传感器,对调查区生态环境现状信息进行精细化观测和提取。具体技术方法和要求按照《低空数字航摄与数据处理规范》(GB/T 39612)执行。

7.1.3 遥感解译工作应贯穿于调查工作的全过程,服务于前期准备、野外调查、分析评价、成果报告编写与图件编制等各个环节。遥感解译技术要求参照《全国生态状况调查评估技术规范——生态系统遥感解译与野外核查》(HJ 1166)执行。

7.1.4 遥感数据源宜选择云朵覆盖少、清晰度高、可解性强的最新遥感数据,其空间分辨率宜优于2.5 m。遥感数据质量应符合《第三次全国国土调查技术规程》(TD/T 1055)的相关要求。

7.1.5 遥感解译时宜采用 InSAR、分析归一化植被指数(NDVI)等新的技术和方法。

7.1.6 根据调查任务和不同地区及所选用的遥感图像的可解性与所需要解决的实际问题确定解译内容,重点解译以下内容:

 a) 地貌单元,确定地貌形态的成因类型和主要水系地貌形态特征。
 b) 生态环境系统类型,土地利用状况,各种生态环境问题的分布、规模、形态特征、危害等。
 c) 人类工程经济活动引起的生态环境的变化,如"三废"排放造成的水体富营养化、海洋石油污染、赤潮等污染状况。

7.1.7 利用遥感影像的色调、颜色、形状、大小、纹理、图形或图案、阴影等图像特征,重点解译露天采矿场,排土场,煤矸石堆,尾矿库,河道,泥石流堆积扇,较大规模的崩塌、滑坡、地面塌陷,以及地形地貌景观及植被破坏的位置、面积;重点解译森林、草地、湿地、水土流失区域的位置、面积等。

7.1.8 对动态变化的生态环境条件和生态环境问题,如江河、湖、水库、海岸带变迁,江河改道,泥沙冲淤,水土流失,土地沙化,石漠化,盐渍化,湿地萎缩,森林草地退化,土地利用变化等,可收集具有代表性的不同时期遥感图像,进行解译对比分析。

7.1.9 对危及城镇、重要建筑物、重要水源地、重要基础设施、村庄等的地质灾害及其隐患,以及不易解译的污染场地和有疑问的图斑等,应结合野外调查工作,进行50%的野外调查验证。一般解译程度较好的生态环境问题图斑,结合野外调查,野外验证率不低于10%。

T/CAGHPER 089—2024

7.2 野外调查

7.2.1 应充分利用已有资料和遥感解译成果,通过野外调查和遥感图像解译成果的野外验证,加强野外调查工作的针对性,提高成果质量和工作效率。

7.2.2 以查明自然生态环境条件和生态环境问题为原则布置调查路线和调查点,对点状生态环境问题宜逐点调查,对线状生态环境问题宜采用追踪调查,对面状生态环境问题宜采用路线穿越调查。

7.2.3 自然灾害、森林、草地等野外调查采用点、线、面相结合,路线穿越与追踪路线法相结合的方法。穿越路线宜垂直于生态功能区、地形地貌分区及水土流失等生态环境问题区。采用追踪路线法圈定诸如地面塌陷、地裂缝延展方向、土地功能退化、水土污染、水土流失、土地沙化、退化林等生态环境问题的边界线。

7.2.4 野外调查表宜参照规定格式填写,不得遗漏主要调查要素,并附必要的示意性平面图、剖面图或素描图,标记现场照片和录像编号。

7.2.5 各类调查点及界线的图面标绘误差不宜超过1 mm。

7.2.6 自然灾害调查具体技术方法与要求可参照第一次全国自然灾害综合风险普查调查类技术规范执行,森林调查参照《全国生态状况调查评估技术规范——森林生态系统野外观测》(HJ 1167)执行,草地调查参照《全国生态状况调查评估技术规范——草地生态系统野外观测》(HJ 1168)执行,湿地调查参照《全国生态状况调查评估技术规范——湿地生态系统野外观测》(HJ 1169)执行,土地沙化调查参照《全国生态状况调查评估技术规范——荒漠生态系统野外观测》(HJ 1170)执行,生物多样性调查参照《自然保护区生物多样性调查规范》(LY/T 1814)执行。

7.3 剖面测量

7.3.1 选取代表性的地段开展剖面测量,主要生态环境问题宜有1~2条测量剖面予以控制,测绘精度宜为1∶1 000~1∶500。

7.3.2 必要时可采用槽探、浅井、浅钻等形式予以揭露,观察、测量生态环境现象,并进行岩、土、水、生物等样品采集工作。

7.4 样品采集与测试

7.4.1 一般要求

根据工作目的和需要解决的问题,以查明生态环境问题和满足生态环境评价要求为重点,在充分收集资料的基础上可进行补充样品采集与测试工作。

7.4.2 岩(土)样品采集与测试

地质灾害调查采集每类岩土样品数量宜不少于6件;测试岩(土)体密度、天然重度、干重度、孔隙率、孔隙比、饱和吸水率、颗粒分布、渗透系数等物理参数,以及单轴抗压强度、黏聚力、内摩擦角、泊松比、弹性模量等力学参数。

7.4.3 水样采集与测试

7.4.3.1 矿坑排水,尾矿库、尾矿粉、废石渣、煤矸石、垃圾堆等的淋滤水,干涸河道污染水等污染源样品,每类代表性样品宜不少于3件。地表水、地下水检测项目参照《区域地下水污染调查评价规范》(DZ/T 0288)、《地下水质量标准》(GB/T 14848)执行。

7.4.3.2 河流采样应能客观反映区域水环境质量状况，采样断面的位置在混合区或污染带之外，以了解河段的平均水质。采样点一般在水面0.5 m以下、河床0.5 m以上，水深不足1 m时，采样点设在实际水深的1/2处。水库、湖泊采样点应远离岸边、河流入口和排污口，一般在水面0.5 m以下、距湖（库）底0.5 m以上，水深不足1 m时，采样点设在实际水深的1/2处。每类代表性样品宜不少于3件。河流、水库、湖泊水环境质量基本项目的检测分析方法参照《地表水环境质量标准》（GB 3838）执行。

7.4.4 土壤样品采集与测试

7.4.4.1 邻近矿山、河流、交通干道等代表性区段的农田土壤样品，一般采集表层土（A层），采样深度0 cm～20 cm，必要时挖试坑采集剖面样品。每个剖面一般采集距地表30 cm～40 cm的淀积层（B层）、距地表100 cm～200 cm的母质层（C层），剖面每层样品采集质量1 000 g。在采样过程中，应观测记录采样点土壤类型、土地利用类型、农药化肥使用情况、土壤污染种类及采样点周边的环境。农用地土壤污染采样及检测项目参照《土壤环境质量 农用地土壤污染风险管控标准》（GB 15618）、《土壤环境监测技术规范》（HJ/T 166）执行。

7.4.4.2 森林土壤分析样品于观察面由下向上逐层采集，根据采样目的不同，分为全层采样（测定速效养分、盐分）和层次中部典型部位采样（研究土壤发生）。采样量宜为0.5 kg～1.0 kg，若土壤中含有大量石砾，宜连同石砾采集2.0 kg以上。用铅笔填写土样标签（包括编号、层次、地点、采集人、日期），并在野外调查表上记录。具体采样方法参照《森林土壤调查技术规程》（LY/T 2250）执行。

7.4.4.3 草地和湿地土壤采样根据植被类型设置样方，每个样方取表层土样宜不少于3个，每个群落宜设置2～3个土壤剖面，一般采样深度0 cm～20 cm，分2～3层进行采样，必要时应对湿地底泥进行采样。分析测试土壤容重、全氮含量、全磷含量、有机质含量、有机碳密度、pH值、阳离子交换量、微量元素含量、重金属元素含量等理化指标，具体依据《土壤质量 土壤采样技术指南》（GB/T 36197）和《湿地生态系统定位观测指标体系》（LY/T 2090）相关要求执行。

8 生态环境评价与分区

8.1 一般要求

8.1.1 在综合整理收集资料、野外调查资料、取样测试分析数据的基础上，通过深入研究与分析，采用一定的标准和方法，进行生态环境问题现状评价和综合分区评价。根据实际情况，可采取定性的经验分析评价法、定性与定量相结合或定量的分析评价方法。

8.1.2 宜分别进行自然灾害风险评价、地形地貌景观破坏评价、含水层破坏评价、地表水与地下水污染程度评价、土壤污染程度评价、水土流失程度评价、土地功能退化程度评价、森林退化程度评价、草地退化程度评价、土地沙化程度评价、湿地萎缩和退化程度评价、生物多样性减少程度评价等单要素生态环境问题现状评价。

8.1.3 在各单要素生态环境问题现状评价的基础上，从生态系统完整性与连通性、主要生态环境问题及其之间的关联性与严重性、保护修复的紧迫性与优先度等方面，进行生态环境综合分区评价。生态环境综合评价方法见8.2条，详细评价方法可参照《生态环境状况评价技术规范》（HJ/T 192）和《区域生态质量评价办法（试行）》执行。

8.2 生态环境综合评价

8.2.1 评价指标体系

生态环境综合评价指标体系包括生态格局、生态功能、生物多样性和生态胁迫4个一级指标,下设11个二级指标、19个三级指标(表1)。

表 1 生态环境综合评价指标体系

一级指标	二级指标	三级指标	备注
生态格局	生态组分	生态用地面积比指数	
		海洋自然岸线保有指数	沿海地区
	生态结构	生态保护红线面积比指数	
		生境质量指数	
		重要生态空间连通度指数	
生态功能	水土保持	水土保持指数	水土保持类型国家重点生态功能区
	水源涵养	水源涵养指数	水源涵养类型国家重点生态功能区
	防风固沙	防风固沙指数	防风固沙类型国家重点生态功能区
	生态宜居	建成区绿地率指数	地级及以上城市建成区
		建成区公园绿地可达指数	
	生态活力	植被覆盖指数	其他地区
		水网密度指数	
生物多样性	生物保护	重点保护生物指数	
	重要生物功能群	指示生物类群生命力指数	
		原生功能群种占比指数	
生态胁迫	人为胁迫	生态环境问题严重程度	
		陆域开发干扰指数	
		海域开发强度指数	沿海地区
	自然胁迫	自然灾害受灾指数	

8.2.2 评价方法

8.2.2.1 指标权重

一级指标的权重见表2,二级指标和三级指标的权重和计算方法参照《区域生态质量评价办法(试行)》确定。

表 2 各项一级评价指标权重

指标	生态格局	生态功能	生物多样性	生态胁迫
权重	0.36	0.35	0.19	0.10

8.2.2.2 计算方法

生态环境综合指数（EI）＝0.36×生态格局＋0.35×生态功能＋0.19×生物多样性＋0.10×（100－生态胁迫）。

8.2.3 生态环境综合分区

根据生态环境综合指数，结合主要生态环境问题的影响程度对调查区进行生态环境综合分区，可分为基本未影响区、影响较轻区、影响一般区、影响较严重区和影响严重区（表3）。

表3 生态环境综合分区

分区标准	基本未影响区	影响较轻区	影响一般区	影响较严重区	影响严重区
指数	$EI \geq 70$	$55 \leq EI < 70$	$40 \leq EI < 55$	$30 \leq EI < 40$	$EI < 30$
描述	自然生态系统覆盖比例高，人类干扰强度低，生态环境问题无或极少，生物多样性丰富，生态结构完整，系统稳定，生态功能完善	自然生态系统覆盖比例较高，人类干扰强度较低，生态环境问题少，生物多样性较丰富，生态结构较完整，系统较稳定，生态功能较完善	自然生态系统覆盖比例一般，受到一定程度的人类活动干扰，生物多样性丰富度一般，生态结构完整性和稳定性一般，生态功能基本完善	自然生态本底条件较差或人类干扰强度较大，生态环境问题较多，自然生态系统较脆弱，生态功能较低	自然生态本底条件差或人类干扰强度大，生态环境问题多，自然生态系统脆弱，生态功能低

9 报告编写与图件编制

9.1 报告编写

9.1.1 成果报告应在资料整理、分析测试、综合研究的基础上进行编写，应能够全面体现调查区自然生态环境条件本底和现状、相互作用过程，存在主要生态环境问题、影响因素及发展趋势。

9.1.2 成果报告的编写应客观真实地反映调查评价结果，内容真实，重点突出，层次分明，图文并茂。

9.1.3 成果报告编写提纲参照附录D执行。

9.2 图件编制

9.2.1 实际材料图：反映野外调查工作内容，主要包括调查路线、调查点、取样点、勘探点、监测点、生态环境剖面等。

9.2.2 生态功能区位与生态系统格局图：主要反映调查区所处的重要生态功能区位置、空间分布、不同生态功能区的生态系统类型、格局和功能状况。

9.2.3 自然生态环境条件图：主要反映自然地理、生态环境背景、自然资源、生态保护红线等内容。

9.2.4 生态环境问题现状图：主要反映各类生态环境问题分布、影响程度，已实施防治工程等。

9.2.5 生态环境综合评价分区图：主要反映生态环境状况和综合评价结果，成图比例尺宜根据实际使用需求确定。

9.2.6 生态环境保护修复分区图：主要反映各生态环境保护修复区分布范围、所保护修复生态功能、需治理修复的生态环境问题、生态保护修复重点区域、保护修复措施等，成图比例尺宜为 1：100 000～1：50 000。

10 数据库建设

10.1 主要内容

10.1.1 原始资料数据，包括收集资料数据、工作底图数据、野外调查数据及测试数据等：
   a) 收集资料数据，包括按本规范 5.1 要求收集整理的所有资料。
   b) 工作底图数据，包括卫星影像，数字高程模型，道路、水系、地名等地理要素，地形图等；
   c) 野外调查数据，包括遥感，各类调查点、剖面测量，样品采集及动态监测等在野外采集的相关数据。
   d) 测试数据，包括各类测试数据及分析数据等。

10.1.2 成果资料数据，包括成果报告、专题报告及其附图、附表、附件等。

10.2 建设要求

10.2.1 数据库建设应贯穿生态环境调查全过程，数据库建库流程与具体业务流程一致。
10.2.2 不同业务工作阶段的数据库建设应在相应阶段完成，以确保数据的一致性和继承性。
10.2.3 数据库应具有数据更新、查询、统计等功能，数据格式与图例参照现行相关规范要求执行。

附 录 A
（资料性附录）
生态分区及重点调查内容

表 A.1 全国陆域生态分区及重点调查内容一览表

一级区名称	一级区基本特征与主要保护修复方向	二级区名称	二级区基本特征与主要生态功能	重点调查内容
东北生态区	属湿润—半湿润季风气候，位于天山-兴蒙造山系东段，主要由山地、丘陵和平原等地貌类型构成。区内自然生态系统占比63%，自然植被类型以针阔混交林、针叶林为主。本区生态问题主要为森林带屏障功能需要提升，长期受高强度采伐利用或自然灾害形成的次生林结构不合理、稳定性较弱，冻土区沼泽湿地退化较严重，黑土区水土流失面积占黑土地总面积的19.86%，土层变薄，土地沙化面积约4万 km²，存在矿产资源开采破坏生态系统等问题。本区着眼于森林、草原、湿地等生态系统保护和修复，以区域内国家重点生态功能区为重点，加强森林生态系统保护修复、水土流失治理、矿山生态修复、土地综合整治，促进区域生态系统良性循环和生物多样性恢复，保护黑土地，保障国家粮食安全，筑牢我国东北生态安全屏障	大兴安岭生态区	属寒温带湿润和中温带半干旱半湿润气候，年均降水量330 mm～560 mm。地貌类型以中山和低山为主。土壤以暗棕壤、棕色针叶林土为主，多年冻土广泛分布，成土母岩以中等风化型为主。本区是我国唯一的寒温带针叶林区，是黑龙江、嫩江等水系重要源头和水源涵养区，具有重要的水源涵养、水土保持、固碳和生物多样性保护功能	自然灾害、森林退化、生物多样性减少、湿地退化、水土流失、矿山生态问题等
		小兴安岭生态区	属中温带湿润气候，年均降水量500 mm～720 mm。地貌类型以低山和丘陵为主。土壤以暗棕壤为主，不连续岛状多年冻土主要分布于北部地区。成土母岩以中等风化型、难风化型为主。本区是我国阔叶红松林主要分布区，也是黑龙江、松花江、嫩江的水源涵养区，具有重要的水源涵养、生物多样性保护和林产品提供功能	森林退化、生物多样性减少、水土流失、矿山生态问题、自然灾害等
		三江平原生态区	属中温带湿润气候，年均降水量520 mm～800 mm。地貌类型以平原为主。土壤以黑土、白浆土、暗棕壤为主，成土母质以松散堆积型为主。本区是由黑龙江、乌苏里江和松花江汇流形成的冲积平原，是我国东北重要的粮食产区，也是我国最大的淡水沼泽区和重要的湿地保护区，具有重要的农产品提供、洪水调蓄和生物多样性保护功能	土地功能退化、湿地退化、生物多样性减少、自然灾害等
		长白山生态区	属中温带湿润气候，年均降水量500 mm～1 100 mm。地貌类型以中山和低山为主。土壤以暗棕壤、棕壤为主，成土母岩以易风化型、中等风化型为主。本区具有完整的森林垂直带谱，是重要的物种基因库，也是鸭绿江、图们江和松花江的水源地，具有重要的水源涵养、水土保持和生物多样性保护功能	森林退化、水土流失、生物多样性减少、矿山生态问题、自然灾害等
		松嫩平原生态区	属中温带湿润—半湿润气候，年均降水量380 mm～760 mm。地貌类型以平原为主。土壤以黑土、暗棕壤、黑钙土、栗钙土等为主，成土母质以松散堆积型为主。本区是我国重要粮食产区之一，具有重要的农产品提供和水土保持功能	土地功能退化、土地沙化、草地退化、湿地退化等
		辽河生态区	属中温带半干旱和暖温带半湿润气候，年均降水量330 mm～790 mm。地貌类型以平原、丘陵和中低山为主。土壤以栗钙土、栗褐土、风沙土等为主，成土母岩(质)以松散堆积型、中等风化型为主。本区具有重要的农产品提供、水源涵养、水土保持和防风固沙功能	森林草地退化、湿地退化、水土流失、土地沙化、矿山生态问题等

表 A.1 全国陆域生态分区及重点调查内容一览表（续）

一级区名称	一级区基本特征与主要保护修复方向	二级区名称	二级区基本特征与主要生态功能	重点调查内容
黄河重点生态区	属干旱—半干旱大陆性和湿润—半湿润季风气候，位于华北陆块区，主要由山地、丘陵和平原等地貌类型构成，黄土和第四系冲洪积物广泛分布，生态基质不稳定。本区自然生态系统现状占比为51%，自然植被类型以阔叶林和草原为主。区内生态本底脆弱、水资源短缺、水源涵养能力低，生态系统不稳定，土地沙化程度较严重，水土流失问题突出，黄土高原水土流失面积约23万 km²，下游生态流量偏低，一些地方河口湿地萎缩，矿山开采对生态系统破坏程度高、治理难度大。本区着眼于山水林田湖草沙一体化保护和修复，以区域内国家重点生态功能区为重点，提升水土保持和防风固沙能力，维护生物多样性，提高生态系统质量和稳定性	鲁中-胶东丘陵生态区	属暖温带湿润—半湿润气候，年均降水量600 mm～1 000 mm。地貌类型以低山、丘陵等为主。土壤以粗骨土、棕壤为主，成土母岩以中等风化型、难风化型为主。本区具有重要的农产品提供、水土保持和水源涵养功能	森林退化、水土流失、生物多样性减少、矿山生态问题等
		华北平原生态区	属暖温带半湿润和北亚热带湿润气候，年均降水量450 mm～1 000 mm。地貌类型以平原为主。土壤以潮土为主，成土母质以松散堆积型为主。本区是我国重要的粮食产区之一，具有重要的农产品提供和大都市群人居保障功能	土地功能退化、土地沙化、水土污染、湿地退化、自然灾害等
		燕山-太行山生态区	属暖温带半湿润气候，年均降水量370 mm～700 mm。本区位于中国地形第二阶梯的东缘，地貌类型以中山为主。土壤以褐土、黄绵土为主，成土母岩以中等风化型、难风化型为主。本区是黄土高原森林草地与华北平原落叶阔叶林的地理分界线，也是海河及其他诸多河流的发源地，具有重要的水源涵养、防风固沙和水土保持功能	森林退化、水土流失、生物多样性减少、矿山生态问题等
		汾渭盆地生态区	属暖温带半湿润气候，年均降水量450 mm～690 mm。地貌类型以平原为主。土壤以褐土、黄绵土为主，成土母质以松散堆积型为主。本区是黄河中游光、热、水土条件匹配最好的区域，利于工农业开发，是我国中部重要的粮食产区和城市群分布区，具有重要的农产品提供和重点城镇群人居保障功能	土地功能退化、土地沙化、水土污染、湿地退化、自然灾害等
		黄土高原生态区	属暖温带半干旱半湿润气候，年均降水量200 mm～680 mm。地貌类型以中山、低山、丘陵、台地等黄土地貌为主。土壤主要以黄绵土为主，成土母质以松散堆积型为主，质地疏松，极易渗水，抗侵蚀能力弱，易发生水土流失。本区是我国中部地区重要的动植物种质资源基因库，具有重要的水土保持、防风固沙和生物多样性保护功能	水土流失、生物多样性减少、土地沙化、湿地退化等
		鄂尔多斯高原生态区	属中温带干旱—半干旱气候，年均降水量150 mm～400 mm。地貌类型以台地、平原为主。土壤以棕钙土、风沙土为主，成土母岩(质)以松散堆积型、难风化型为主。本区是生态脆弱敏感区，具有重要的防风固沙功能	土地沙化、水土流失、自然灾害等
		贺兰山-河套平原生态区	属中温带干旱—半干旱气候，年均降水量140 mm～390 mm。地貌类型以中山、平原为主。土壤以棕钙土、灌淤土为主，成土母岩(质)以松散堆积型、难风化型为主。本区是我国重要的生态交错带，生态脆弱敏感，具有重要的防风固沙、水源涵养和农产品提供功能	森林退化、土地沙化、水土流失、生物多样性减少、矿山生态问题等
		秦岭北麓生态区	属暖温带半湿润气候，年均降水量为490 mm～830 mm。地貌类型以中山、低山为主，整体山势呈西高东低。土壤以褐土为主，成土母岩以易风化型、中等风化型为主。秦岭高大山体阻隔了南方水汽北移和北方冷空气南下，是我国重要的气候分界线，为黄河流域和长江流域的重要分水岭，具有重要的水源涵养、水土保持、固碳和生物多样性保护功能	森林退化、水土流失、生物多样性减少等

表 A.1 全国陆域生态分区及重点调查内容一览表（续）

一级区名称	一级区基本特征与主要保护修复方向	二级区名称	二级区基本特征与主要生态功能	重点调查内容
长江及川滇重点生态区	属东部湿润季风气候，主体位于扬子陆块区，主要由山地、丘陵和平原等地貌类型构成，喀斯特地貌广泛分布。本区森林生态系统现状占比57%，自然植被类型以阔叶林为主。区内生态问题主要为水源涵养能力降低、生物多样性减少和生态系统退化，长江中下游湖泊湿地退化，水土流失问题较严重，石漠化土地面积近10万km²，矿山开发对生态破坏较严重。本区着眼于提升长江生态系统质量和稳定性，以区域内国家重点生态功能区为重点，巩固和增强水源涵养、生物多样性维护、水土保持等功能，推动森林、河湖、湿地生态系统自然恢复、水土流失与石漠化综合治理、土地综合整治和矿山生态修复，着力提高生态系统自我修复能力，切实增强生态系统稳定性，巩固提升生态系统碳汇能力，显著提升生态系统功能	苏皖沿江-长江三角洲平原生态区	属北亚热带湿润气候，年均降水量900 mm～1700 mm。地貌类型以平原为主。土壤以水稻土和潮土为主，成土母质以松散堆积型为主。本区为长三角城市群集中分布区，是我国著名的水稻产区，具有重要的农产品提供、水源涵养、洪水调蓄、生物多样性保护和大都市群人居保障功能	土地功能退化、湿地退化、生物多样性减少、水土污染、自然灾害等
		长江中游平原生态区	属中亚热带湿润气候，年均降水量690 mm～2000 mm。地貌类型以平原为主。土壤以水稻土、潮土为主，成土母质以松散堆积型为主。本区河网稠密、湖泊众多，具有重要的农产品提供、洪水调蓄和生物多样性保护功能	湿地退化、水土流失、生物多样性减少、土地功能退化、水土污染、自然灾害等
		黄山生态区	属中亚热带湿润气候，年均降水量1200 mm～2400 mm。地貌类型以中山和丘陵为主。土壤以红壤为主，成土母岩以难风化型、易风化型为主。本区是新安江的重要水源地，具有重要的水源涵养功能	森林退化、水土流失、生物多样性减少、矿山生态问题等
		罗霄山生态区	属中亚热带湿润气候，年均降水量1400 mm～2100 mm。地貌类型以中山和低山为主。土壤以红壤为主，成土母岩以易风化型和难风化型为主。本区是湘江、赣江等水系发源地，具有重要的水源涵养、生物多样性和水土保持功能	森林退化、水土流失、生物多样性减少、矿山生态问题等
		大别山生态区	属北亚热带湿润气候，年均降水量800 mm～1900 mm。地貌类型以中山、低山和丘陵为主。土壤以棕壤、粗骨土为主，成土母岩以易风化型为主。本区是长江水系和淮河水系的分水岭，南北两侧水系丰富，具有重要的水源涵养、水土保持和生物多样性保护功能	森林退化、水土流失、生物多样性减少、矿山生态问题等
		秦岭南麓-大巴山生态区	属北亚热带湿润气候，年均降水量500 mm～1500 mm。地貌类型以中山和低山为主，喀斯特地貌广泛分布。土壤以黄棕壤、石灰土为主，成土母岩以难风化型、易风化型为主。本区是我国重要的水源涵养区，也是南水北调中线工程的战略水源地，具有重要的水源涵养、水土保持和生物多样性保护功能	森林退化、水土流失、生物多样性减少、土地功能退化、矿山生态问题等
		武陵山生态区	属中亚热带湿润气候，年均降水量1000 mm～1700 mm。地貌类型以丘陵、中低山为主。土壤以红壤、黄棕壤为主，成土母岩以难风化型为主。本区是我国亚热带森林系统核心区，具有重要的水源涵养、水土保持和生物多样性保护功能	森林退化、水土流失、生物多样性减少、矿山生态问题等

表 A.1　全国陆域生态分区及重点调查内容一览表（续）

一级区名称	一级区基本特征与主要保护修复方向	二级区名称	二级区基本特征与主要生态功能	重点调查内容
长江及川滇重点生态区	属东部湿润季风气候，主体位于扬子陆块区，主要由山地、丘陵和平原等地貌类型构成，喀斯特地貌广泛分布。本区森林生态系统现状占比57%，自然植被类型以阔叶林为主。区内生态问题主要为水源涵养能力降低、生物多样性减少和生态系统退化，长江中下游湖泊湿地退化，水土流失问题较严重，石漠化土地面积近10万 km²，矿山开发对生态破坏较严重。本区着眼于提升长江生态系统质量和稳定性，以区域内国家重点生态功能区为重点，巩固和增强水源涵养、生物多样性维护、水土保持等功能，推动森林、河湖、湿地生态系统自然恢复、水土流失与石漠化综合治理、土地综合整治和矿山生态修复，着力提高生态系统自我修复能力，切实增强生态系统稳定性，巩固提升生态系统碳汇能力，显著提升生态系统功能	雪峰山生态区	属中亚热带湿润气候，年均降水量1 300 mm～1 900 mm。地貌类型以中山、低山为主，是云贵高原到江南丘陵的过渡带。土壤以红壤为主，成土母岩以易风化型为主。本区具有较完好的中亚热带常绿阔叶林森林生态系统，生物多样性丰富，森林植被具有较明显的垂直带谱，具有重要的水土保持和生物多样性保护功能	森林退化、水土流失、生物多样性减少等
		湘中-桂林盆地生态区	属中亚热带湿润气候，年均降水量1 200 mm～2 100 mm。地貌类型以丘陵和盆地等喀斯特地貌为主。土壤以红壤和水稻土为主，成土母岩以难风化型为主。本区是湘江、漓江重要水源涵养区，具有重要的水源涵养和水土保持功能	水土流失、生物多样性减少、土地功能退化等
		贵州高原生态区	属中亚热带和南亚热带湿润气候，年均降水量750 mm～1 800 mm。地貌类型以中山、低山和丘陵等为主。土壤以红壤和石灰土为主，成土母岩以难风化型为主，风化速率慢，成土能力低，土壤厚度小且分布不连续。本区有独特的喀斯特生态系统和动植物资源，具有重要的水源涵养、水土保持和生物多样性保护功能	森林退化、水土流失、生物多样性减少、土地功能退化、自然灾害等
		四川盆地生态区	属中亚热带湿润气候，年均降水量780 mm～1 500 mm。地貌类型以平原、丘陵、中山和低山等为主。土壤以紫色土、水稻土为主，是全国紫色土分布最集中的区域，成土母岩以易风化型为主。本区是中国西南地区重要的水稻、油菜籽产区，具有重要的农产品提供、水源涵养、水土保持功能	湿地退化、水土流失、土地功能退化、水土污染、自然灾害等
		川西南-滇中高原生态区	属中亚热带湿润气候，年均降水量550 mm～1 700 mm。地貌类型以中山、低山等喀斯特地貌为主。土壤以红壤、石灰土和黄棕壤为主，成土母岩以易风化型和难风化型为主。本区具有重要的水土保持、固碳和生物多样性保护功能	森林退化、水土流失、生物多样性减少、土地功能退化、自然灾害等
		滇西南山地生态区	属南亚热带和边缘热带湿润气候，年均降水量700 mm～2 300 mm。地貌类型以中山、低山为主。土壤以红壤为主，成土母岩以易风化型为主。本区植被垂直分带性较为明显，生物多样性极为丰富，具有重要的水源涵养、水土保持、固碳和生物多样性保护功能	森林退化、水土流失、生物多样性减少、土地功能退化、自然灾害等

表 A.1 全国陆域生态分区及重点调查内容一览表（续）

一级区名称	一级区基本特征与主要保护修复方向	二级区名称	二级区基本特征与主要生态功能	重点调查内容
东南生态区	属东部湿润季风气候，位于武夷-云开造山系，主要由山地和丘陵地貌类型构成。本区森林生态系统占比65%，自然植被类型以阔叶林为主。本区生态保护修复空间与利用空间矛盾较为突出，生物多样性受威胁状况突出，森林生态系统质量和稳定性不足，人工林占比接近50%，红壤区水土流失问题突出，矿山开采对山体和植被破坏较为严重。本区着眼于森林、湿地、草原等生态系统保护和修复，以区域内国家重点生态功能区为重点，推进以山系、流域为单元的综合治理，加强水土流失综合治理、矿山生态修复、土地综合整治，提高自然生态系统质量和生态承载力	浙闽-赣东南丘陵山地生态区	属中亚热带湿润气候，年均降水量1000 mm～2100 mm。地貌类型以低山、丘陵为主。土壤以红壤为主，成土母岩以中等风化型为主。本区具有重要的水源涵养、水土保持、林产品提供和生物多样性保护功能	森林退化、水土流失、生物多样性减少、矿山生态问题等
		两广丘陵山地生态区	属南亚热带湿润气候，年均降水量1100 mm～2700 mm。地貌类型以低山、丘陵为主。土壤以红壤为主，成土母岩以易风化型、中等风化型为主。本区是珠江水系、东南诸河重要水源涵养区，具有重要的林产品提供、水源涵养、水土保持、固碳和生物多样性保护功能	森林退化、湿地退化、水土流失、土地功能退化、生物多样性减少、矿山生态问题等
		海南岛生态区	属边缘热带湿润气候，年均降水量1500 mm～2300 mm。地貌类型以低山、丘陵、台地和平原等为主。土壤以红壤为主，成土母岩以中等风化型为主。本区以南热带季雨林、湿润雨林等森林生态系统为主，具有重要的水源涵养、固碳和生物多样性保护功能	森林退化、湿地退化、水土流失、生物多样性减少、土地功能退化等
青藏高原生态区	属高原高寒气候，位于西藏-三江造山系和秦祁昆造山系，主要由山地和高原等地貌类型构成，冰川和多年冻土广泛发育。本区自然生态系统现状占比约99%，自然植被类型以高寒草原、草甸为主。受气候变化与人为因素双重驱动下造成的生态风险加剧，40年来，多年冻土区活动层厚度呈显著增加趋势，沙化土地面积约44万km²，局部地区矿山开发造成生态破坏。本区着眼于青藏高原草原、森林、湿地、荒漠等生态系统保护和修复，以区域内国家重点生态功能区为重点，加强草原黑土滩化和沙化综合治理、矿山生态修复，加大冰川雪山、水源涵养林封禁保护，加强冰川、雪线、冻土动态监测，提高生态系统自我修复能力，增强生态系统稳定性，显著提升青藏高原生态屏障生态服务功能	喀喇昆仑山生态区	属高原亚寒带干旱气候，年均降水量30 mm～100 mm。地貌类型以高山、极高山为主，是世界山岳冰川最发育的地区之一，并发育连片多年冻土，土壤类型以寒冻土为主，成土母岩以难风化型为主，具有重要的水源涵养和生物多样性保护功能	自然灾害、水土流失、生物多样性减少等
		昆仑山-阿尔金山生态区	属高原亚寒带干旱—半干旱气候，年均降水量20 mm～200 mm。地貌类型以高山为主。土壤以寒钙土为主，成土母岩以中等风化型、难风化型为主。本区高原自然生态系统完整，拥有野牦牛、藏羚羊、藏野驴等珍稀动物资源，具有重要的生物多样性保护功能	草地退化、土地功能退化、生物多样性减少等
		柴达木盆地生态区	属高原温带干旱气候，年均降水量20 mm～300 mm。地貌类型以高原盆地和高原为主。土壤类型以风沙土为主，成土母质以松散堆积型为主。本区腹地的柴达木盆地沙漠是中国第五大沙漠，具有重要的防风固沙功能	土地沙化、草地退化、土地功能退化、湿地退化、生物多样性减少等
		祁连山生态区	属高原温带干旱—半干旱气候，年均降水量300 mm～500 mm。地貌类型以高山、高原盆地为主。土壤主要以冷钙土、寒钙土为主，成土母岩以易风化型、难风化型为主。本区共有冰川3066条，冰川储量达1145亿m³，是河西走廊绿洲生成的水源基础，具有重要的水源涵养、生物多样性保护、水土保持和防风固沙功能	土地沙化、草地退化、森林退化、水土流失、土地功能退化、生物多样性减少等

表 A.1 全国陆域生态分区及重点调查内容一览表(续)

一级区名称	一级区基本特征与主要保护修复方向	二级区名称	二级区基本特征与主要生态功能	重点调查内容
青藏高原生态区	属高原高寒气候,位于西藏-三江造山系和秦祁昆造山系,主要由山地和高原等地貌类型构成,冰川和多年冻土广泛发育。本区自然生态系统现状占比约99%,自然植被类型以高寒草原、草甸为主。受气候变化与人为因素双重驱动下造成的生态风险加剧,40年来,多年冻土活动层厚度呈显著增加趋势,沙化土地面积约44万km²,局部地区矿山开发造成生态系统破坏。本区着眼于青藏高原草原、森林、湿地、荒漠等生态系统保护和修复,以区域内国家重点生态功能区为重点,加强草原黑土滩化和沙化综合治理、矿山生态修复,加大冰川雪山、水源涵养林封禁保护,加强冰川、雪线、冻土动态监测,提高生态系统自我修复能力,增强生态系统稳定性,显著提升青藏高原生态屏障生态服务功能	三江源生态区	属高原亚寒带半干旱—半湿润气候,年均降水量260 mm~760 mm。地貌类型以高山和高原为主。土壤以寒冻土、寒钙土、草毡土为主,成土母岩以易风化型、难风化型为主。本区是长江、黄河、澜沧江的发源地,有"中华水塔"之称,是全球大江大河、冰川、雪山、冻土及高原生物多样性最集中的地区之一,具有重要的水源涵养、生物多样性保护和防风固沙功能	土地沙化、水土流失、草地退化、湿地退化、土地功能退化、生物多样性减少等
		横断山生态区	属高原温带湿润—半湿润气候,年均降水量250 mm~1700 mm。地貌类型以中高山、峡谷为主。土壤以草毡土、寒冻土为主,成土母岩以易风化型为主。本区是长江上游重要水源地,是世界瞩目的生物基因库,具有重要的水源涵养、生物多样性保护、水土保持和固碳功能	森林退化、水土流失、生物多样性减少、自然灾害等
		藏东南高原生态区	属高原温带湿润—半湿润气候,年均降水量530 mm~880 mm。地貌类型以中高山、峡谷为主。土壤以红壤、暗棕壤为主,成土母岩以易风化型、中等风化型为主。本区是我国乃至全世界山地生物多样性最丰富的地区之一,植被垂直地带性非常明显,森林生态系统不仅类型多样,而且分布面积大,生态系统原始性和完整性较好,具有重要的水源涵养、水土保持、生物多样性保护和固碳功能	森林退化、草地退化、水土流失、土地功能退化、生物多样性减少等
		喜马拉雅山生态区	属高原温带干旱和高原亚寒带半干旱气候,年均降水量150 mm~600 mm。地貌类型以高山、极高山和高原盆地等为主,大量冰川分布于高山和极高山区域。土壤以寒冻土、寒钙土和草甸土为主,成土母岩以易风化型、中等风化型为主。区内雅鲁藏布江河谷为西藏重要的农业区,具有重要的水源涵养、防风固沙、水土保持和农产品提供功能	森林退化、草地退化、土地沙化、水土流失、土地功能退化、生物多样性减少等
		羌塘高原生态区	属高原亚寒带干旱—半干旱气候,年均降水量70 mm~460 mm。地貌类型以高原、高山和高原盆地等为主,多年冻土广泛分布,是我国最大现代冰川分布区。土壤类型以寒钙土为主,成土母岩以易风化型、难风化型为主。本区是世界上海拔最高的内陆湖区,高原野生动物资源较为丰富,具有重要的生物多样性保护功能	生物多样性减少、草地退化、水土流失、土地功能退化、矿山生态问题等

表 A.1 全国陆域生态分区及重点调查内容一览表（续）

一级区名称	一级区基本特征与主要保护修复方向	二级区名称	二级区基本特征与主要生态功能	重点调查内容
西北生态区	属干旱—半干旱大陆性气候，位于天山-兴蒙造山系西段和塔里木陆块区，主要由高原、山地和盆地等地貌类型构成，第四系风积物、冲洪积物等松散堆积物广泛分布，生态基质不稳定。本区自然生态系统占比为93%，自然植被呈地带性分布，由东至西依次为森林、草原和荒漠。区内生态系统敏感脆弱，草原退化、土地沙化面积广阔，沙化土地面积约116万 km²，占全国沙化土地总面积的68%，部分河流断流、湖泊湿地萎缩甚至干涸，矿产资源开采对生态系统破坏较突出。本区着眼于山水林田湖草沙一体化保护和系统治理，以区域内国家重点生态功能区为重点，加强土地沙化和荒漠化防治，统筹开展退化草原修复、河湖湿地修复、荒漠化防治、水土流失综合治理、矿山生态修复和土地综合整治，提高生态系统质量和稳定性，筑牢我国北方生态安全屏障	内蒙古高原东部生态区	属中温带干旱—半干旱气候，年均降水量100 mm～480 mm。地貌类型以中山和高原为主。土壤以栗钙土、风沙土为主，成土母岩(质)以松散堆积型、易风化型和中等风化型为主。本区是我国主要的农草生态系统过渡带，具有重要的防风固沙、水土保持和水源涵养等功能	草地退化、土地沙化、水土流失、土地功能退化、矿山生态问题等
		阿拉善-河西走廊生态区	属中温带干旱气候，年均降水量40 mm～360 mm。地貌类型以丘陵、戈壁为主。土壤以灰漠土、风沙土为主，成土母质以松散堆积型为主，是我国北方沙尘暴的发源地之一。本区沿河分布的湿地、草地呈斑块状镶嵌于荒漠之中，是阻隔沙地扩张的重要屏障，具有重要的防风固沙和农产品提供功能	土地沙化、水土流失、草地退化、湿地退化、土地功能退化等
		北山生态区	属中温带—暖温带干旱气候，年均降水量30 mm～100 mm。地貌类型以中山、低山和戈壁为主。土壤以灰棕漠土、棕漠土为主，成土母岩以中等风化型、难风化型为主。本区地表植被极为稀疏，属于沙漠化极敏感和防风固沙极重要区域，具有重要的防风固沙和水土保持功能	土地沙化、水土流失、草地退化、土地功能退化等
		阿尔泰山生态区	属中温带干旱—半干旱气候，年均降水量30 mm～220 mm。地貌类型以高山、中山、丘陵和山前平原为主。本区土壤以高山土、干旱土和漠土为主，成土母岩以易风化型、中等风化型和难风化型为主。本区发育冰川和多年冻土，拥有中国最低的雪线，是额尔齐斯河和乌伦古河等河流的发源地，具有重要的水源涵养和生物多样性保护功能	森林退化、草地退化、土地沙化、土地功能退化、生物多样性减少、矿山生态问题等
		准噶尔盆地生态区	属中温带干旱气候，年均降水量100 mm～350 mm，降水呈西多东少、盆地边缘多中心少的特征。地貌类型以中山、低山和盆地等为主。土壤以风沙土和棕漠土为主，成土母质以松散堆积型为主。本区分布有我国第二大沙漠古尔班通古特沙漠，具有重要的防风固沙和水源涵养功能	土地沙化、森林退化、草地退化、水土流失、土地功能退化等
		西天山-伊犁河谷生态区	属中温带干旱—半干旱气候，年均降水量200 mm～570 mm。地貌类型为高山、中山和河谷等为主，高山发育现代冰川，山地区土壤以冷钙土和灰钙土为主，成土母岩以中等风化型和难风化型为主；盆地、河谷区土壤以灰钙土为主，成土母质以松散堆积型为主。本区是伊犁河重要水源补给区，耕地集中于河谷地区，也是新疆北部重要粮食产区，具有重要的农产品提供、水源涵养、防风固沙和生物多样性保护功能	森林退化、土地沙化、草地退化、水土流失、生物多样性减少、自然灾害、矿山生态问题等
		东天山-吐哈盆地生态区	属暖温带干旱—半干旱气候，年均降水量10 mm～570 mm。地貌类型以高山、中山和盆地为主。土壤以棕漠土、风沙土为主，山地区成土母岩以难风化型、中等风化型为主，盆地区以松散堆积型为主。本区具有重要的农产品提供、水源涵养、防风固沙和生物多样性保护功能	森林退化、草地退化、水土流失、湿地退化、生物多样性减少、矿山生态问题等

注：黄河重点生态区包含黄淮海平原。

附 录 B
（规范性附录）
全国生态系统分类体系表

表 B.1 全国生态系统分类体系表

Ⅰ级代码	Ⅰ级分类	Ⅱ级代码	Ⅱ级分类	分类依据
1	森林生态系统	11	阔叶林	$H=3\text{ m}\sim30\text{ m}, C\geqslant0.2$，阔叶
		12	针叶林	$H=3\text{ m}\sim30\text{ m}, C\geqslant0.2$，针叶
		13	针阔混交林	$H=3\text{ m}\sim30\text{ m}, C\geqslant0.2, 25\%<F<75\%$
		14	稀疏林	$H=3\text{ m}\sim30\text{ m}, C=0.04\sim0.2$
2	灌丛生态系统	21	阔叶灌丛	$H=0.3\text{ m}\sim5\text{ m}, C\geqslant0.2$，阔叶
		22	针叶灌丛	$H=0.3\text{ m}\sim5\text{ m}, C\geqslant0.2$，针叶
		23	稀疏灌丛	$H=0.3\text{ m}\sim5\text{ m}, C=0.04\sim0.2$
3	草地生态系统	31	草甸	$K\geqslant1$，土壤湿润，$H=0.03\text{ m}\sim3\text{ m}, C\geqslant0.2$
		32	草原	$K<1, H=0.03\text{ m}\sim3\text{ m}, C\geqslant0.2$
		33	草丛	$K\geqslant1, H=0.03\text{ m}\sim3\text{ m}, C\geqslant0.2$
		34	稀疏草地	$H=0.03\text{ m}\sim3\text{ m}, C=0.04\sim0.2$
4	湿地生态系统	41	沼泽	地表经常过湿或有薄层积水，生长沼泽生和部分湿生、水生或盐生植物，有泥炭积累或明显的浅育层，包括森林沼泽、灌丛沼泽、草本沼泽等
		42	湖泊	自然水面，静止
		43	河流	自然水面，流动
5	农田生态系统	51	耕地	人工植被，土地扰动，水生或旱生作物，收割过程
		52	园地	人工植被，$C\geqslant0.2$，包括经济林等
6	城镇生态系统	61	居住地	城市、镇、村等聚居区
		62	城市绿地	城市的公共绿地、居住区绿地、单位附属绿地、防护绿地、生产绿地以及风景林地等
		63	工矿交通	人工挖掘表面和人工硬表面，工矿用地、交通用地
7	荒漠生态系统	71	戈壁	自然，坚硬表面，石质或砾质，$C<0.04$
		72	沙漠	自然，松散表面，沙质，$C<0.04$
		73	沙地	分布在半干旱区及部分半湿润区的沙质土地，$C<0.04$
		74	盐碱地	自然，松散表面，高盐分
8	其他	81	冰川/永久积雪	自然，水的固态
		82	裸地	自然，松散表面或坚硬表面，壤质或石质，$C<0.04$

注：C. 覆盖度/郁闭度；H. 植被高度(m)；F. 针叶树与阔叶树的比例；K. 湿润指数。

附 录 C
（资料性附录）
野外调查表样式

表 C.1 地形地貌景观破坏调查表

编号		地理位置	省　　　市　　　县（区）　　　镇（乡）				
图幅编号		GPS坐标	N：　　　　　E：　　　　　高程：　　　m				
矿山（工程）名称		矿山（工程）类型	煤矿□　金属矿□　非金属矿□　其他矿山□　道路工程□ 水利工程□　电力工程□　建筑工程□　其他□				
开采方式	地下□　露采□　地下＋露采□			开采时间			
开采规模	×10⁴m³/a			矿山（工程）规模	大型□　中型□　小型□		
地形地貌景观破坏方式	露天采场□　工业广场□　废石（土、渣）堆场□　尾矿库□　煤矸石堆□　地面塌陷□　其他□						
露天开采挖损地貌	露天采坑形态		深度/m		体积/×10⁴m³	破坏土地类型及面积/km²	
地面塌陷毁损地貌	地表形态		塌陷深度/m		塌陷面积/km²	破坏土地类型	
						基本农田□　耕地□ 林地□　草地□　荒地□	
人工堆积地貌	固体物种类	形态	堆积高度/m	堆积体积/×10⁴m³		压占土地类型	压占面积/km²
	采矿废石堆□ 煤矸石堆□ 选矿尾矿渣□ 施工渣石土□					基本农田□ 耕地□ 林地□ 草地□ 荒地□	
地形地貌景观破坏影响对象	破坏的地质遗迹类型	典型地层剖面□ 重要的古生物化石点□ 地质公园□				描述：	
	各种自然保护区	在核心区□ 在保护区□ 在缓冲区□ 不在范围内□				描述：	
	城市周边	在可视范围内□ 景观破坏明显距城市　　km□ 影响不明显□				描述：	
	主要交通干线两侧	在可视范围内□ 景观破坏明显□ 影响不明显□				描述：	
与周边环境协调程度							
已有防治措施成效							
固体废弃物综合利用方式及年利用量							
防治建议							
照片录像编号							
文字描述及平面图、剖面图							

调查单位：　　　　　　　　调查人：　　　　　　　　审核人：　　　　　　　　调查日期：

表 C.2 含水层破坏调查及样品采集记录表

样品编号				样品类型		井水□ 泉水□ 河水□			
行政区划			省　　县　　镇(乡)			坐标	E：　　　　N： 高程：　　m		
矿山企业名称				企业性质			开采时间		
地下水类型									
地下水补给、径流、排泄条件									
含水层的连通性				集中水源地供水水量变化情况					
地下水水位或流量变化情况			水位下降时间			降幅及原因			
			干枯时间			干枯原因			
井水	水位高程		m	井深	m	井径	m	是否完整井	是□ 否□
	建井年代			井泉用途	灌溉□ 人畜饮用□ 工矿生产□ 其他：				
	井的类型		筒井□ 管井□	井壁结构	砖砌□ 片石砌□ 铁管□ 其他：				
	含水层岩性			地下水类型		矿井用水量	m³/s	矿坑排水	m³/s
泉水	泉类型		上升泉□ 下降泉□			泉水平均流量	m³/s	泉水用途	
河水	河流名称					河谷形态	V□	U□	
	过水宽度		m	水深	m	流速	m/s	流量	m³/s
	水生物			鱼类□ 藻类□ 浮游生物□ 无□					
物理性质			颜色			水温		气味	
主要污染源及污染物									
水量、水质变化的影响			人畜饮水				对植被生长影响		
			农业生产				水源地		
			生态建设				其他		
采样容器+体积+固定剂			玻璃瓶+(　　mL)+(　　)□　　塑料瓶+(　　mL)+(　　)□						
已有的防治措施									
分析项目									
照片录像编号									
备注：									

调查单位：　　　　调查人：　　　　审核人：　　　　调查日期：

表 C.3 地下水污染调查表

统一编号		野外编号		图幅		行政代码	
位置	省　市　（县）　镇（乡）　村				地理坐标	X:　　Y: E:　　N:	
地下水出露类型（泉、井）及名称				地面高程			m
				地下水位埋深			m
含水层名称				地下水位高程			m
水文地质特征（含水层特征,地下水补给、径流、排泄条件,水质、水量）							
地表水水质及其受"三废"污染程度							
污染源、污染途径（"三废"排放量、排放方式、排放去向）							
主要污染物的含量及分布范围							
对人类生存环境的影响							
污染机理及发展趋势预测							
平(剖)面图				备注：			
样品编号					照片编号		

调查单位：　　　　　调查人：　　　　　审核人：　　　　　调查日期：

表 C.4 土壤污染调查及样品采集记录表

样品编号		GPS 坐标	E:	高程	m
采样日期			N:		
行政区划	省　　　市　　　（县）　　　镇(乡)				
工矿企业名称		企业性质		生产时间	
地形地貌	中低山地□　低山丘陵□　平原盆地□　戈壁沙漠□　河谷阶地□　其他□				
土地类型	耕地□　果园地□　林地□　草地□　荒地□　其他□				
土壤类型	褐土□　壤土□　黄土□　沙土□　其他□				
耕地类型	旱地□　水浇地□　水田□				
农作物	小麦□　玉米□　水稻□　菜地□　果园□　其他□				
土壤颜色			样品干重		kg
取样深度		cm	测试项目		
灌溉水源	河湖□　井□　泉□　矿坑排水□　选矿废水□　冶炼废水□　生活污染□　其他□				
周边污染源及距离	矿坑废水□（　m）　选矿废水□（　m）　冶炼废水□（　m） 生活污水□（　m）　废石淋溶水□（　m）　废渣扬尘□（　m）　冶炼尾气□（　m）　其他□（　m）				
现有污染防治措施					
防治建议					
照片及录像编号：					
取样剖面示意图、取样点描述：					

调查单位：　　　　　　　　调查人：　　　　　　　　审核人：　　　　　　　　调查日期：

表 C.5 水土流失调查表

编号		地理位置	省　　市　　县(区)　　镇(乡)		
图幅编号		坐标	N：　　　E：　　　高程：　　　m		
水土流失类型	水力侵蚀□　重力侵蚀□　风力侵蚀□　冻融侵蚀□　冰川侵蚀□ 混合侵蚀□　其他□			面积	km^2
土地利用类型	耕地□　果园地□　林地□　草地□　荒地□　其他□				
气象水文特征					
地形地貌及立地条件					
土壤概况					
植被情况					
发育特征和程度					
形成的自然和人为因素					
演化历史与趋势					
危害及对生态环境的影响					
现有防治措施及效果					
防治建议					
照片及录像编号：					
备注：					

调查单位：　　　　　调查人：　　　　　审核人：　　　　　调查日期：

表 C.6 土地功能退化调查表

编号		地理位置	省　　市　　县(区)　　镇(乡)			
图幅编号		坐标	N：　　E：　　高程：　　m			
土地功能退化类型	水土流失□　土壤盐渍化□　土地石漠化□　土地沼泽化□　其他□				面积	km²
土地利用类型	耕地□　果园地□　林地□　草地□　荒地□　其他□					
地形地貌及立地条件						
地质、水文地质条件						
土壤概况						
植被情况						
发育特征和程度						
形成的自然和人为因素						
演化历史与趋势						
危害及对生态环境的影响						
现有防治措施及效果						
防治建议						
照片及录像编号：						
备注：						

调查单位：　　　　　　　调查人：　　　　　　审核人：　　　　　　调查日期：

表 C.7 森林生态系统野外调查表

样地号		地理位置	省　　市　　县(区)　　镇(乡)		
样方号		坐标	N:　　　E:　　　高程:　　　m		
森林类型		针叶林□　阔叶林□　针阔混交林□　稀疏林□		面积/hm²	
地形地貌		山地□　丘陵□　平原□			
坡度/(°)			坡向/(°)		
坡位		脊部□　上坡□　中坡□　下坡□　山谷(洼)□　平地□			
土壤质地		砂质土□　黏质土□　壤土□			
腐殖质厚度/cm			径流量/(m³·s⁻¹)		
林分起源	天然林□　人工林□		优势树种		
平均林龄/a	/		平均高/m		
平均胸径/cm			林分郁闭度		
叶面积指数			林下植被物种数		
林下植被平均覆盖度			林下植被平均高度/m		
退化林类型、分布与成因					
森林退化与破坏的原因、方式、规模					
现有管护、整治措施及成效					
管护及整治建议					
照片及录像编号:					
备注:					

调查单位：　　　　　调查人：　　　　　审核人：　　　　　调查日期：

T/CAGHPER 089—2024

表 C.8 草地生态系统野外调查表

样地号		地理位置	省　　市　　县(区)　　镇(乡)		
样方号		坐标	N：　　　E：　　　高程：　　　m		
草地类型	草甸□　草原□　草丛□　稀疏草地□			面积/hm²	
地形地貌	山地□　丘陵□　高原□　平原□　盆地□				
坡度/(°)			坡向/(°)		
坡位	坡顶□　坡上部□　坡中部□　坡下部□　坡脚□				
土壤质地	砂质土□　黏质土□　壤土□			土壤厚度/m	
地表特征	有无枯落物、覆沙及侵蚀情况,侵蚀原因(风蚀、水蚀、冻融、超载、其他),盐碱斑分布情况,裸地面积比例等				
水分条件	地表有无季节性积水,年平均降水量等				
植被覆盖度/%		群落高度/m		草地优势种	
草原灾害	有□　无□	灾害类型		灾害等级	
利用方式	全年放牧□　冷季放牧□　暖季放牧□　春秋放牧□　打草场□　禁牧□　其他□				
利用状况	未利用□　轻度利用□　合理利用□　超载□　严重超载□				
草地退化与破坏情况	草地退化与破坏的原因、方式、程度等,分析影响草地的人为因素和自然因素				
现有保护、整治措施及成效	有无草原保护建设工程,工程类型、建设时间及成效等				
保护及整治建议					
照片及录像编号：					
备注：					

调查单位：　　　　　　调查人：　　　　　　审核人：　　　　　　调查日期：

表 C.9 湿地生态系统野外调查表

样地号		地理位置	省　　市　　县（区）　　镇（乡）		
样方号		坐标	N：　　　　E：　　　　高程：　　　　m		
湿地类型		沼泽湿地□　湖泊湿地□　河流湿地□		面积/hm²	
地形地貌		山地□　丘陵□　高原□　平原□　盆地□			
所属三级流域			河流级别（河流湿地）		
水源补给状况		地表径流□　大气降水□　地下水□　人工补给□　综合补给□			
水文条件	积水深度，地表水及地下水水质情况，补给径流量等				
湿地植物	湿地植物群落和植被类型、面积、主要优势植物种				
湿地动物	湿地野生动物种类，底栖动物群落特征，优势和特有物种等				
湿地利用、保护与管理情况					
湿地萎缩和退化情况	湿地萎缩和退化的程度、主要原因，湿地水质下降和富营养化的原因、污染源、污染特征、污染程度、危害程度，分析影响湿地的人为因素和自然因素				
保护与整治建议					
照片及录像编号：					
备注：					

调查单位：　　　　　　调查人：　　　　　　审核人：　　　　　　调查日期：

T/CAGHPER 089—2024

表 C.10 荒漠生态系统野外调查表

样地号		地理位置	省　　　市　　　县（区）　　　镇（乡）		
样方号		坐标	N：　　　　E：　　　　高程：　　　m		
荒漠类型		戈壁□　沙漠□　沙地□　盐碱地□		面积/hm²	
地形地貌		极高原□　高原□　山地□　丘陵□　平原□　盆地□			
坡度/(°)			坡向/(°)		
坡位		山脊□　上坡□　中坡□　下坡□　谷底□　平地□			
土壤质地		砾质土□　砂质土□　黏质土□　壤土□		土壤厚度/m	
地表特征	地表堆积物的赋存状态、分布特征、厚度及变化，侵蚀情况与侵蚀原因（风蚀、水蚀、冻融、其他），盐碱斑分布情况，裸地面积比例等				
荒漠植物	植物群落和植被类型、起源、面积、主要优势植物种等				
荒漠动物	动物群落特征和野生动物种类，优势和特有物种等				
土地荒漠化情况	土地荒漠化类型、程度、主要原因，分析形成荒漠化土地的人为因素和自然因素				
土地利用、保护与管理情况					
保护与整治建议					
照片及录像编号：					
备注：					

调查单位：　　　　　　　　调查人：　　　　　　　审核人：　　　　　　　调查日期：

附 录 D
（资料性附录）
报告编写提纲

D.1 绪言

任务来源、目的任务；以往调查工作程度；本次调查工作部署、方法、周期；完成的工作量及质量评述；生态环境问题概况。

D.2 调查区自然生态环境条件

区域范围及位置；生态功能区位；生态系统状况和服务功能；自然地理（地形地貌、气象与水文、土地利用现状等）；区域地质背景（地层、岩性、构造等地质特征、水文地质）；自然资源状况（土地资源、矿产资源、水资源、森林资源、草地资源、湿地资源、生物资源、其他资源等）；生态保护红线；经济社会发展概况及人类工程活动情况。

D.3 主要生态问题

区域（或流域）生态问题（生态系统质量、生态系统服务、生态系统空间格局及生态胁迫等方面问题）；自然灾害；地形地貌景观破坏；含水层破坏；水土流失、土地功能退化；水环境问题；土壤污染；森林、草地退化；土地沙化；湿地退化与生物多样性减少等主要生态环境问题。

D.4 生态环境评价

生态环境现状评价；生态环境综合分区评价。

D.5 生态修复措施及修复模式

根据生态环境综合分区评价结果、生态保护修复目标及标准，分别拟定保护保育、自然恢复、辅助再生、生态重建等生态修复措施及修复模式。

D.6 国土空间利用和生态保护修复建议

结合当地经济社会发展规划和生态环境状况，提出国土空间利用建议；根据生态环境综合分区评价，提出生态环境问题防治及整体保护、系统修复、区域统筹、综合治理等生态功能提升的建议。

D.7 结论与建议

归纳总结调查工作成果及存在的问题与不足，提出下一步工作建议等。